昭和〜平成

近畿日本鉄道沿線アルバム

【特急車両編】

解説　牧野和人

10000系、10100系の登場で人気を博した二階建て電車を団体輸送用車両にも投入すべく製造された20100系。伊勢方面へ向か
う修学旅行生等に親しまれ、公募から選ばれた「あおぞら号」の愛称があった。
◎大阪線　榛原〜室生口大野　1983（昭和58）年10月30日　撮影：森嶋孝司（RGG）

Contents

1章
カラーフィルムで記録された
近畿日本鉄道の特急車両 …… 5

2章
モノクロフィルムで記録された
近畿日本鉄道の特急車両 …… 97

吉野線の終点近くで吉野川に架かる橋梁。付近の川幅は50m程だが両岸の川原が広く、橋梁は川幅に対して5倍弱の長さがある。水面上付近が三連のプラットトラス構造。20m級車2両の特急が小さく見える。
◎吉野線　大和上市～吉野口　1998（平成10）年11月26日　撮影：安田就視

はじめに

中京、近畿圏の大都市と伊勢神宮、熱田神宮、橿原神宮がある神前町を結ぶ鉄道として、紀伊半島の中央部に路線網を展開した近畿日本鉄道。前身母体の一つである参宮急行電鉄が第二次世界大戦前に投入した2200系を皮切りに、時代の最先端をいくサービスを伴った特急列車を次々と世に送り出してきた。華やかな塗装や内装が目を引く特急用車両だが、一日数百kmにおよぶ運用をこなすには、高い走行性能を求められた。大阪線の途中に急勾配の青山峠が控える経路での高速運転を実現するため、初代2200系は強力な電動機器や制動装置を装備し、車体の軽量化等が図られた。平坦区間での設計最高速度は時速110km。33/1000‰の上り勾配下で時速65kmという走行性能は、現代の電車と比べて遜色ない。

また、高度経済成長時代下で新設された名阪ノンストップ特急も、参詣、観光列車と共に近鉄特急を代表する列車の一つだ。10100系、12000系と常に時の新鋭車両が充当された。名古屋～大阪間の所要時間が東海道新幹線と比較される名阪特急だが難波等、大阪南部の市街地へ乗り入れる近鉄は、新大阪からJR在来線や地下鉄に乗り換える必要がある新幹線利用に対して、利用客の目的地によっては利便性の高い選択肢となる。

2013（平成25）年に50000系「しまかぜ」。2020（令和２）年に80000系「ひのとり」が営業運転を開始した。色、かたち、内装等に個性的な工夫を凝らした新型電車は、多様化する顧客層の要望に応えた、乗って楽しい快適さが際立つ。

2021年３月　牧野和人

◎橿原線　西ノ京　1977（昭和52）年11月22日　撮影：荻原二郎

1章
カラーフィルムで記録された近畿日本鉄道の特急車両

営業運転を前に五位堂検修車庫で並んだ22000系。1992（平成4）年に4両編成と2両編成が2本ずつ製造され、3月19日のダイヤ改正から名阪乙特急に限定して投入された。当初は1日4往復の運転だった。
◎大阪線　五位堂検修車庫　1992（平成4）年2月23日　撮影：森嶋孝司（RGG）

大和川を渡る10000系「旧ビスタカー」。1編成のみの製造に留まったため、他の特急用車両とは別運用で上本町（現・大阪上本町）〜宇治山田間の特急に充当された。7両編成中、中間の制御付随車2両が二階建て車両だった。
◎大阪線　安堂〜河内国分
1958（昭和33）年7月
撮影：野口昭雄

1958（昭和33）年7月より営業運転を始めた10000系「ビスタカー」。当時の名古屋線は狭軌路線であり、鳥羽線は建設されていなかった。そのため、阪伊特急と呼ばれる上本町（現・大阪上本町）〜宇治山田間の特急仕業に限定して運用された。
◎大阪線　安堂〜河内国分
1958（昭和33）年7月
撮影：野口昭雄

二階建て車両ク10000形の車内。2階部分と1階を結ぶ階段の周辺には、客室との間を仕切る壁や扉等がなく、現在の車両に比べて簡便な造りだった。それでも当時としては画期的な仕様だった。新製時より冷房装置を搭載。側窓は複層ガラスを用いた固定式となり、非日常的な車内空間を演出した。
◎1958（昭和33）年6月
撮影：野口昭雄

特急運用末期の2250系。車体塗色は10400系等の新系列特急用車両に似た塗り分けに変更されていた。車体の形状は前世代の電車然としていたが、冷房装置や公衆電話やシートラジオ等、当時の優等列車に相応しい装備を搭載していた。
◎大阪線　大和朝倉～長谷寺　1962（昭和37）4月　撮影：野口昭雄

1961（昭和36）年に大阪線と名古屋線を連絡する短絡線が開通し、線路が囲む三角地帯となった伊勢中川駅付近を走る6421系の宇治山田行き特急。名古屋線の標準軌化で、名古屋発着の列車が山田線へ直通できるようになった。
◎名古屋線　伊勢中川
1963（昭和38）年1月　撮影：野口昭雄

鶴橋から続く高架区間を行く宇治山田行き特急。上本町（現・大阪上本町）～布施間は、架線電圧が異なる大阪線と奈良線の列車が頻繁に行き交う区間であり、複々線化されるまで、大阪線の列車は普通を含めて今里駅を通過していた。
◎大阪線　今里　1955（昭和30）年2月　撮影：野口昭雄

伊勢神宮への参詣路線として路線網を拡大した近鉄。それ故、誕生の経緯等で神宮と深い関わりを持つ車両も多い。2250系は1953（昭和28）年の登場。同年には式年遷宮が執り行われ、増加する参拝客に向けて新型車両が用意された。
◎大阪線　名張　1955（昭和30）年5月6日　撮影：荻原二郎

一般列車を退避させてホームを通過して行く10100系「新ビスタカー」。曲面ガラスを奢った流線形の先頭部が広く知られる10100系だが、両端部が貫通型になったC編成もまた、前面窓にパノラミックウインドウを採用し、大型の貫通扉窓を備えた近代的な仕様だった。◎大阪線　名張　1961（昭和36）年5月2日　撮影：荻原二郎

名阪ノンストップ特急の運用に就く10100系「新ビスタカー」が、三重、奈良県境付近に続く山間区間を行く。中間の二階建て車両を連接台車で支える構造は、3両編成に一体感をまとわせて、近代特急用電車の未来像を具現化していた。
◎大阪線　1960年頃　榛原〜長谷寺　撮影：辻阪昭浩

上本町（現・大阪上本町）と布施の間は大阪線と奈良線が並行する疑似複々線区間だ。大阪の近郊区間を結ぶ急行や準急列車が頻繁に往来する中で一般車とは異なる色をまとった名阪、阪伊間等を結ぶ特急が時折登場する。昭和30年代から40年代前半の主役は10100系「ビスタカー」だった。◎大阪線　今里　1973（昭和48）年10月20日　撮影：荒川好夫（RGG）

特急
名阪

志摩線の終点、賢島付近では草木の緑が線路際まで迫っていた。名古屋を目指す10100系が、梅雨明け近くで勢いを増し始めた夏草を掻き分けるようにして、単線区間を窮屈そうに進んで行った。構内外れの信号は、列車が通過してすぐ赤になった。
◎志摩線　賢島〜志摩神明　1976（昭和51）年7月16日　撮影：荒川好夫（RGG）

駅の周辺に高い建物がまばらであった頃の大和八木駅で、橿原線を跨ぐ大阪線の高架ホームからは、周囲を山に囲まれた奈良盆地の様子を見渡すことができた。駅のすぐ桜井方に続く下り坂へ向かって、上り特急列車が駆け出して行った。
◎大阪線　大和八木　1976（昭和51）年7月16日　撮影：荒川好大（RGG）

特急の乗り入れに際して増設された専用ホームに停車する10100系「ビスタカー」。画面手前の線路は旧ホームへ続いており、専ら普通電車が使用していた。写真は新ホームの供与から3年余りを経て撮影されたものだが、架線柱等の追加施設には未だ真新しさが残る。◎志摩線　賢島　1973（昭和48）年9月20日　撮影：安田就視

特急
名古屋
特急

急曲線に車輪を軋ませながらソロソロと進む近鉄名古屋行きの特急列車。近鉄特急の急速な近代化に貢献した、11400系と10100系の編成だ。路線内では華やかな特急用車両が目立つものの、古枕木を利用した柵等に長閑さが残る旧志摩電気鉄道区間。
◎志摩線　志摩神明～賢島　1976（昭和51）年7月16日　撮影：荒川好夫（RGG）

名古屋
特急

通勤列車で混雑する朝の時間帯を過ぎると、大阪線には伊勢志摩へ向かう特急列車が続々と登場する。「鳥羽」と行先表示盤に掲出した車両は11400系。車体の更新化が実施され、3両固定編成となってからの姿だ。
◎大阪線　布施～俊徳道　1983（昭和58）年10月29日　撮影：森嶋孝司（RGG）

特急
鳥羽

京都線の架線電圧が600Vから1500Vに昇圧されてからは、それまで大阪線、名古屋線等の専用という趣きであった特急車両が乗り入れるようになった。行先表示盤に「賢島」と掲出した12000系が、近鉄沿線の二大観光地を結んで颯爽と走る。
◎京都線　上鳥羽口～竹田　1979（昭和54）年8月　撮影：荒川好夫（RGG）

特急
賢島
KASHIKOJIMA

京都線内ですれ違う12200系と18400系。大柄に見える尾灯を点けた車両が12200系だ。京都線では大阪千里丘陵での日本万国博覧会開催を機に車両限界の拡大工事が実施されて大阪、名古屋線用の車両が乗り入れるようになった。
◎京都線　竹田〜上鳥羽口
1979(昭和54)年8月
撮影：荒川好夫(RGG)

特急
京都
KYOTO
上
23

郡山城跡の堀端を走る京都行特急。現在の大和郡山市は、戦国時代に筒井順慶が拠点として以来の城下町だった。城内にある隅櫓等の建物は、昭和期に市民等の寄付金で復元されたものだ。掘の周辺等には桜並木がある。
◎橿原線　九条～近鉄郡山　1996（平成8）年4月21日　撮影：安田就視

収穫期を終え、閑散とした雰囲気の田園地帯で特急と急行が擦れ違った。12000系は特急マークを外し、貫通扉に行先表示幕を追加された更新化後の姿。前面に載る大型の集電装置が、主力として活躍したかつての威厳を示しているかのようだった。
◎橿原線　田原本～石見　1998（平成10）年11月27日　撮影：安田就視

志摩線が標準軌へ改軌された際、賢島駅の構内北側には特急の発着に使うための新ホームが設置された。同時に現在の駅舎も完成したが、旧駅舎も南口として平成初期まで一般客が利用できた。車両の滞泊等に用いられた賢島車庫が隣接していた。
◎志摩線　賢島　1976（昭和51）年7月16日　撮影：荒川好夫（RGG）

特急
難波
NAMBA
かしこじま

櫛田川を渡る上り特急列車は8両編成。昭和30年代に10000系が登場して以来、受け継がれてきた、オレンジ色と紺色の二色塗装をまとった車両で統一されている。昭和中期から平成にかけて、長らく近鉄特急を象徴する色彩だった。
◎山田線　漕代～櫛田　1981（昭和56）年3月22日　撮影：森嶋孝司（RGG）

奈良三重県境付近の山路を行く12200系「スナックカー」。名阪、阪伊特急は紀伊半島を横断する大阪線が開業して以来、強靭な足回りを備えた車両を必要としてきた。2021（令和3）年2月21日に引退した同車は、急勾配をものともせずに高速で進んだ。
◎大阪線　室生口大野～榛原　1983（昭和58）年10月30日　撮影：森嶋孝司（RGG）

特急

当編成に大型の集電装置をいくつも上げた姿が勇ましい。先頭車は前端部に集電装置を搭載し、より雄々しさを強調するいで立ちとなった。翼を模した特急標識を掲出し、全盛期を彷彿とさせる「スナックカー」が目の前に迫って来た。
◎名古屋線　富洲原（現・川越富洲原）～近鉄富田　1988（昭和63）年3月20日　撮影：高木英二（RGG）

特急
鳥羽
TOBA

標準軌への改軌、架線昇圧となった翌年から、湯の山温泉への観光列車として運転していた名古屋、上本町（現・大阪上本町）直通の特急。本線系と同じ車両が充当された。2両編成の12200系は、当時の名阪甲特急で活躍していた。
◎湯の山線　桜〜菰野　1982（昭和57）年8月　撮影：安田就視

名古屋、大阪方面からの直通運転が行われていた湯の山線内の特急。90年代のバブル期以降になると衰退の兆しが見え始めた。名古屋線からの直通運転は取り止めとなり、線内で土曜休日に縮小して運転していた列車は2004（平成16）年に廃止された。
◎湯の山線　伊勢松本～伊勢川島　1990（平成2）年12月1日　撮影：安田就視

汎用特急用車両として昭和後期に製造された12400系列の電車。正面周りは従来車から刷新され、後に登場する三代目「ビスタカー」30000系に似た形状となった。その一方で車体塗装はオレンジ色と藍色を組み合わせた、既存の塗り分けが踏襲された。
◎山田線　松阪　1981（昭和56）年3月22日　撮影：森嶋孝司（RGG）

7

名阪特急として大阪線を行く12400系。4両編成を一つの単位として運用されるが、増結されて6両、8両編成等となって仕業に就くことも多い。その際には正面の貫通扉が生かされ、全編成の中を通り抜けることができる構造になる。
◎大阪線　布施〜俊徳道　1983（昭和58）年10月29日　撮影：森嶋孝司（RGG）

特急
名古屋

上本町（現・大阪上本町）行きの特急は汎用車両で組成された6両編成。前4両は12410系だ。昭和後期の近鉄特急を象徴した、埋め込み式の前照灯と下部が傾斜した尾灯。それに貫通扉と方向幕を備えた特急標識が組み合わされた面構えである。
◎大阪線　三本松〜室生口大野　1983（昭和58）年10月30日　撮影：森嶋孝司（RGG）

12413

奈良市郊外を行く12410系。奈良までの運用を終え、車両基地がある大和西大寺へ向かう回送列車となる。当初は名阪甲特急用として3両編成で登場したが、後に中間付随車1両が組み込まれて4両編成になった。
◎奈良線　大和西大寺～新大宮　2004（平成16）年11月17日　撮影：米村博行（RGG）

特急
回送
NOT IN SERVICE

関屋は大阪線で奈良県下の西端部に置かれた駅。駅のさらに西側が大阪府との境界であり、県道の下に新玉手山トンネルが口を開けている。一方、二上方は線路が谷筋を左右に曲がりくねる、山里の風情が残る。
◎大阪線　関屋〜二上　1992（平成4）年4月11日　撮影：森嶋孝司（RGG）

特急
鳥羽

緑濃い山里を駆け抜ける12600系。12400系等と同じく、4両編成を一単位とする。12410系では電動車に設置されていたトイレが制御車へ移され、従来の和式1室に洋式1室が追加された。それに伴い、各車両の定員を変更した。
◎大阪線　三本松～赤目口　1988（昭和63）年6月5日　撮影：荒川好夫（RGG）

12601

国鉄（現・JR西日本）路線が集まる京都駅を出て東寺駅に差し掛かる18000系の特急。後方に東海道新幹線の高架が見える。京橿特急の近代化を図るべく1965（昭和40）年に登場した。600V用機器の新製を避けて、制御装置や主原動機等は旧型車のものを流用した。◎京都線　京都～東寺　1979（昭和54）年7月　撮影：荒川好夫（RGG）

京橿特急の運用に就いた18200系。髭のような形をした表示盤の右側に列車種別の特急。左側に行き先である橿原神宮前を掲出する。電動制御車と制御車の2両で一編成を構成していた。この列車は二組の編成を連結した4両で運転している。
◎京都線　京都〜東寺　1989(平成元)年2月14日　撮影：荒川好夫(RGG)

神功皇后陵がある奈良市の山陵町界隈は緑に囲まれた田園地帯。電圧切り替え装置を備え、600V時代の京都線と大阪、山田線の直通運転を実現した18200系が、貫通扉に取り付けられたX状のエンブレムを、誇らしげに光らせながらやって来た。
◎京都線　高の原〜平城　1986（昭和61）年8月14日　撮影：森嶋孝司（RGG）

橿原神宮前
(吉野連絡)
特急
LIMITED EXPRESS

長らく修学旅行等の団体専用車両として親しまれてきた20100系「あおぞら号」の老朽化に伴い、18200系を改造して後継車両「あおぞらII」とした。テレビ、ビデオ装置や前面展望用のカメラが設置され、団体列車に相応しい車両になった。
◎大阪線　東青山　2003（平成15）年11月24日　撮影：荒川好夫（RGG）

あおぞらⅡ

上り京伊特急の運用で大阪線を行く18400系。京都線と大阪、山田線を直通運転した。また車体等は、当時の京都、奈良、橿原線の車両限界に対応する狭幅車として設計された。写真はスナックコーナーを撤去し、座席を配置した改装後の姿だ。
◎大阪線　三本松〜室生口大野　1983（昭和58）年10月30日　撮影：森嶋孝司（RGG）

18405

20100系の電動制御車は台車間の空間を全て二階建ての客室に充てていた。そのために電動車用の機器類を収める場所は乏しかった。主電動機は台車に搭載され、その他機器類の多くは、3両編成中の中間に組み込まれた付随車に収められた。
◎大阪線　赤目口〜名張　1988(昭和63)年6月5日　撮影：荒川好夫(RGG)

オール二階電車の20100系の中間車20200形の機器室部分を開いたところ。20100-20200-20300の3両固定編成で両端が電動車である。◎1962（昭和37）年4月　撮影：野口昭雄

観光地鳥羽の玄関口。鳥羽駅で肩を並べた20100系「あおぞら号」と680系。680系は元奈良電気鉄道の車両で、京都、橿原線等の特急列車に使用された。晩年は一般車に格下げされて、志摩線等の普通列車運用に就いた。
◎鳥羽線　鳥羽　1979（昭和54）年3月27日　撮影：荒川好夫（RGG）

あおぞら

美しく整備された築堤上を行く20000系「楽」。黄色とオレンジ、白を織り交ぜた明るい塗装で1990（平成2）年登場した。主に団体列車等の臨時運用に就く。編成に二階建て車両を組み込み、車体側面には近鉄車の伝統である「ビスタカー」のロゴタイプが貼られている。◎大阪線　榛原～長谷寺　1994（平成6）年3月30日　撮影：森嶋孝司（RGG）

一部二階建て車両と高床構造の車両で編成される20000系「楽」。車両限界を最大限に生かして設計された車体は、通路部分の屋根が高く取られて30000系等、既存の近鉄二階建て電車よりも車内天井の圧迫感が軽減された。
◎大阪線　高安検車区　1990（平成2）年11月17日　撮影：松本正敏（RGG）

流麗な前面形状と快適な客室空間が利用客の心を掴み、名阪特急の業績増に貢献した21000系。その功績が評価されて1988（昭和63）年に公益財団法人日本デザイン振興会主催のグッドデザイン賞と日経優秀製品・サービス賞。翌年に鉄道友の会・ブルーリボン賞を受賞した。◎大阪線　長谷寺～榛原　1994（平成6）年3月30日　撮影：森嶋孝司（RGG）

新世代の名阪特急として昭和末期に登場した21000系「アーバンライナー」。近鉄難波（現・大阪難波）と近鉄名古屋を結ぶ名阪ノンストップ特急に充当された。当初は名阪間を1日6往復体制で運転していた。
◎大阪線　赤目口～名張　1988（昭和63）年6月5日　撮影：荒川好夫（RGG）

紀伊半島東端部のリゾート地である志摩へ向かう特急列車は、山海に降り注ぐ太陽を表現したサンシャインイエローとクリスタルホワイトの二色塗装。前面の窓には後部座席からの展望を楽しめるように、曲面ガラスが採用された。
◎大阪線　長谷寺～榛原　1994（平成6）年3月30日　森嶋孝司（RGG）

三重県志摩市にある複合リゾート施設の「志摩スペイン村」と近鉄沿線の都市を結ぶ特急「伊勢志摩ライナー」の専用車両として製造された23000系。「志摩スペイン村」の開園に先駆けて、1994（平成6）年3月15日より営業運転を開始した。
◎大阪線　東青山　2003（平成15）年11月24日　撮影：荒川好夫（RGG）

更新時期を迎えていた21000系を補充する目的で6両2編成が製造された21020系。「アーバンライナーnext」の愛称を持つ。製造された翌年にブルーリボン賞を受賞し、前面に受賞を祝う装飾が期間限定で貼られた。
◎大阪線　三本松～室生口大野　2003（平成15）年11月25日　撮影：荒川好夫（RGG）

平成時代の汎用特急車両として登場した22000系。電動制御車は前端部付近に集電装置を載せていた。装置は交差型の小振りなものが採用された。そのために従来からの「前パン」車両に比べて大人しい表情になった。
◎名古屋線　阿倉川〜川原町　2000（平成12）年8月15日　撮影：荒川好夫（RGG）

春には牡丹の名所として賑わう名刹、長谷寺が近くに建つ山中ですれ違う22000系の特急。11400系等の従来車を置き換えるべく増備が進められ、独自の専用色をまとう新系列車両が増える中で、伝統の近鉄特急色を継承する存在となった。
◎大阪線　長谷寺～榛原　1994（平成6）年3月30日　撮影：森嶋孝司（RGG）

近鉄で三代目となる特急用二階建て電車「ビスタカー三世」として誕生した30000系。断面形状が大きく見える中間車の側面には小窓が並び、12400系等と似た姿の電動制御車とは、全く別の形式であるかのように見える。
◎鳥羽線　池の浦〜鳥羽　1979(昭和54)年3月27日　撮影：荒川好夫(RGG)

京伊特急で活躍する30000系。更新前の姿で、集電装置を2基備えた電動制御車の後ろに二階建て車両が2両連なる姿は、電気機関車が牽引する客車列車を思い起させた。連接車であった先代の10100系と異なり、本形式では個々の車両で二組のボギー台車を履く。◎大阪線　長谷寺～大和朝倉　1990（平成2）年4月6日　撮影：荒川好夫（RGG）

4両編成中、中間車2両が二階建て構造になっている30000系。乗降扉は客室の中央部にのみ設置された。車体側面を飾る紺色の帯には「Vista Car」の頭文字である「V」が取り入れられている。愛称名のロゴタイプも健在だ。
◎山田線　櫛田～漕代
1981（昭和56）年3月22日
撮影：森嶋孝司（RGG）

平成期に入って30000系は大規模な更新化を受けた。工事に際しては当時、23000系のみで小世帯に甘んじていた観光特急への投入を睨み、専用のデザインチームを立ち上げて検討を重ねた。愛称は目標とする5つの単語の接頭語EXに由来して「ビスタEX」となった。◎奈良線　大和西大寺～新大宮　2004(平成16)年11月17日　撮影:米村博行(RGG)

地平駅時代の北田辺を通過する吉野特急。南大阪線、吉野線の狭軌路線向けに製造された最初の特急用車両で1965（昭和40）年に登場した。当初は標準軌路線の特急用車両と同様に、逆三角形の特急標識を掲出していた。
◎南大阪線　北田辺　1973（昭和48）年10月20日　撮影：白井朝子（RGG）

吉野
特急

木立に包まれた小さな丘陵をトンネルで抜ける吉野線の西部。福神は縁起の良い名前で人気の駅だ。吉野特急として運転する16000系が2両の身軽な編成で、秋色の山道を駆けて行った。急曲線を伴った単線区間故、速度は思いの外ゆっくりとしていた。
◎吉野線　福神～大阿太　2002(平成14)年10月26日　撮影:安田就視

両側を山に囲まれ、中流域の雰囲気が漂う吉野川に沿って吉野線は続く。線路と並行して伊勢街道と呼ばれる国道169号が延びる。家屋や木々の間で、僅かに見通すことができる線路上に16000系の特急が姿を見せた。
◎吉野線　六田〜越部　1998（平成10）年11月26日　撮影：安田就視

桜の名所。吉野山の麓に設置された吉野駅。構内の中程にある2,3番ホームは行楽期等、混雑する乗降客に備えて、幅が広めになっている。2両編成で運転することが多い列車は、上屋がある駅舎方の終端部付近に停車する。
◎吉野線　吉野　1973（昭和48）年9月16日　撮影：安田就視

大阪阿部野橋と吉野を結ぶ「吉野特急」の運転開始25周年を機に、南大阪線、吉野線の特急列車へ投入された26000系。先に登場した21000系「アーバンライナー」により観光列車らしい要素を盛り込んで設計された。
◎南大阪線　上ノ太子〜二上山　1990（平成2）年4月6日　撮影：松本正敏（RGG）

春爛漫の葛城路を走る26000系。桜の景勝地である吉野へ向かう特急として「さくらライナー」の愛称が付けられた。登場時の車体は、クリスタルホワイトの地にうすずみ色（淡い灰色）ともえぎ色濃淡5色の帯を巻く。緑色以外の帯は粘着テープを貼って表現した。◎南大阪線　高田市～尺土　1990（平成2）年4月6日　撮影：松本正敏（RGG）

大阪、京都、名古屋と伊勢志摩を結ぶ観光特急に充当される50000系「しまかぜ」。優雅な設えの座席や和洋の個室を備える。また二階建て車両のサ50400形は、飲食物を提供するカフェカーだ。電車に乗って旅する楽しさを満喫できる豪華列車である。
◎大阪線　三本松～室生口大野
2019（令和元）年5月11日

近鉄の看板列車である名阪甲特急を担う現在の顔は80000系。同車両の登場に伴い新列車「ひのとり」が誕生した。列車名にふさわしい「メタリックレッド」の車体塗装で、既存の近鉄特急が持つ雰囲気を刷新した。名阪特急の外、大阪難波～近鉄奈良間の特急運用も受け持つ。
◎名古屋線　阿倉川
2020（令和2）年8月11日

2章

モノクロフィルムで記録された 近畿日本鉄道の特急車両

近畿日本名古屋（現・近鉄名古屋）行き準急の先頭に立つモ6401形。名古屋線の特急用車両として1950（昭和25）年に登場した6401系の電動制御車だ。名古屋線の改軌を機に特急運用を外れたが、標準軌用の台車に履き替えて、昭和50年代まで名古屋線の運用に就いた。◎名古屋線　近畿日本蟹江（現・近鉄蟹江）　1965（昭和40）年7月30日　撮影：荻原二郎

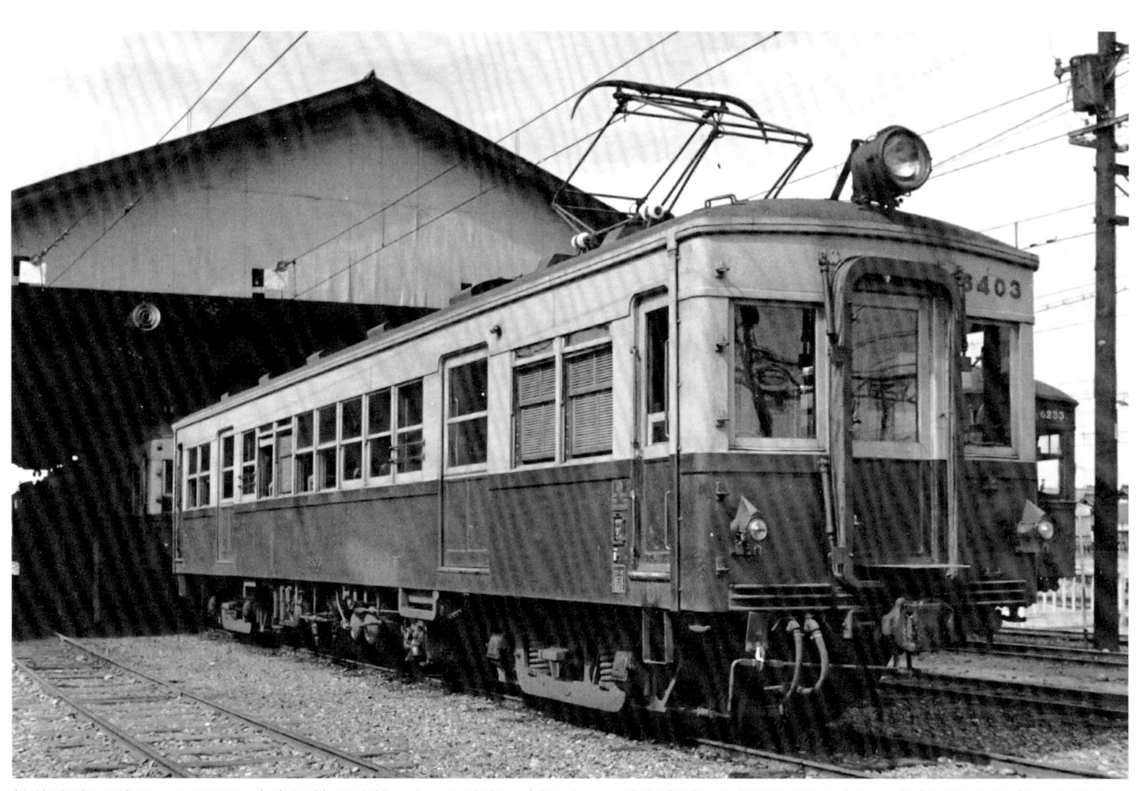

検修車庫で憩うモ6401形。名古屋線が狭軌であった時代に新造された半鋼製車で、新規に設定された名古屋線の特急に充当された。優等列車用車両らしく転換式のクロスシートを備えていた。昭和30年代に入って近代形の特急用電車が台頭すると、一般車に格下げされた。◎名古屋線　塩浜検修車庫　1950（昭和25）年8月11日　撮影：伊藤威信（RGG）

2250系で運転する阪伊特急「あつた」。上本町（現・大阪上本町）を午後に発車する便に対して、1952（昭和27）年に命名された列車名だった。狭窓越しに垣間見られる、座席の背もたれに掛けられた白いカバーが、優等列車であることをさりげなくアピールしていた。◎近畿日本長島（現・近鉄長島）　1963（昭和38）年11月14日　撮影：伊藤威信（RGG）

運転台の下部に小振りなヘッドマークを掲出した2250系の特急。ウインドウシル・ヘッダーを省かれた車体は、先代の2200系に比べて軽快な雰囲気を醸し出す。先頭のモ2254は、前照灯周りを大型のカバーで覆っていた。
◎大阪線　安堂～河内国分　1959（昭和34）年8月1日　撮影：辻阪昭浩

黄色味の強いクリーム色と紺色の旧特急塗装で統一された車両で編成された2250系の特急。車両の両端部付近に設置された扉の間に狭窓がズラリと並ぶ様は、後継車両として登場した特急用車両とは趣きの異なる威厳を湛えていた。
◎大阪線　安堂～河内国分　1959（昭和34）年8月1日　撮影：辻阪昭浩

特急運用で通い慣れた阪伊特急の道のりを、急行として運転する2200系。車体前部に荷室と個室を備えていたモニ2300が先頭に立つ、特急時代のような編成だ。一般車への格下げで塗装は変更されたものの、優等列車らしい威厳が保たれている。
◎大阪線　安堂～河内国分　1959（昭和34）年8月1日　撮影：辻阪昭浩

大和三山の一峰である耳成山を車窓に見て、直線区間を快走する2250系の上本町（現・大阪上本町）行き特急。すでに10000系、10100系を始めとする新型特急用車両が登場していたが、黄色と紺色の特急塗装を身に纏い、最後の活躍を続けていた。
◎大阪線　耳成～大和八木　1963年（昭和38）年3月26日　撮影：辻阪昭浩

大阪

阪伊特急の雄として君臨した2200系は、昭和30年代に入って新系列の特急用車両が台頭すると一般車に格下げされた。3扉化される車両が現れ、狭窓が連続する優美な姿を損ないつつも、青山を越える長距離の急行運用を黙々とこなしていた。
◎大阪線　耳成～大和八木　1963年（昭和38）年3月26日　撮影：辻阪昭浩

奈良線の無料特急は現在の快速急行に当たる速達列車。前面2枚の湘南窓に丸みを帯びた車体が特徴の800系は、いかにも速そうに映る電車だった。新生駒トンネルが開通し、大型車が通し運転を行うようになるまで、阪奈間の主力として君臨した。
◎奈良線　大和西大寺　1959（昭和34）年　撮影：辻阪昭浩

奈良線で急行運用に就く800系。スイス車両エレベーター製造社との技術提携で得た準張殻構造の軽量車体を採用した奈良線初の18m級車両だった。1955（昭和30）年から24両が製造された。正面非貫通で2枚窓を持つ湘南電車タイプの車両だ。
◎奈良線　撮影地不詳　1964（昭和39）年12月　撮影：辻阪昭浩

上本町（現・大阪上本町）へ向かう10000系「ビスタカー」。5両編成中、後ろに続く二階建て車両を含む3両は、4つのボギー台車を履く連接構造。先頭の2両はそれぞれに2つの台車を履く、一般的な構造の20m級車両だった。
◎大阪線　大和八木　1965（昭和40）年9月11日　撮影：辻阪昭浩

10001
特急
大阪

見学会を兼ねて名阪間に設定された、10000系ビスタカーを用いた企画列車。青山の峠時を目指して、奈良盆地を駆け抜けて行った。当時の名古屋線はまだ狭軌区間で同車両の入線は叶わなかったが、行先表示は名古屋にある三大神宮の一つである「あつた」と記載された札を掲出していた。◎大阪線　大和八木～耳成　1958（昭和33）年　撮影：辻阪昭浩

大阪のターミナル上本町に向かって大阪線を駆ける10000系。1編成のみが製造された試作的な要素が強い車両だった。本列車は奈良県と大阪府の境にそびえる大和葛城山にちなんだ「かつらぎ」と記載された表示板を掲出していた。
◎大阪線　安堂～河内国分　1959（昭和34）年8月1日　撮影：辻阪昭浩

高架ホームから続く築堤を駆け下りて行く上本町（現・大阪上本町）行きの特急は10000系。二階建ての客室を備えるク10000形は中間にサ10000形を挟む3両を1本の編成としていた。電動車と連結して運転されたが、編成の両端部には運転席を備えていた。◎大阪線　大和八木

1965（昭和40）年9月11日
撮影：辻阪昭浩

10000系の上本町方先頭車モ10001を正面から見る。後にファンの間で「蚕」「モスラ」等と呼ばれた前面形状は、二階建て車両と共に強烈な個性を放つ。2つの前照灯は車体から若干飛び出した位置に設置され、二枚窓と相まって動物の顔を連想させる面構えになっている。
◎大阪線　上本町（現・大阪上本町）
1958（昭和33）年8月2日
撮影：辻阪昭浩

発車までの間、上本町駅に留め置かれた10000系。乗客以外の駅利用者も車内へ入ることができたようだ。世界初の二階建て電車を一目見ようと、大勢の見物人が駅を訪れた。当日は夏休み期間中の土曜日とあって、親子連れの姿も散見された。
◎大阪線　上本町（現・大阪上本町）
1958（昭和33）年8月2日
撮影：辻阪昭浩

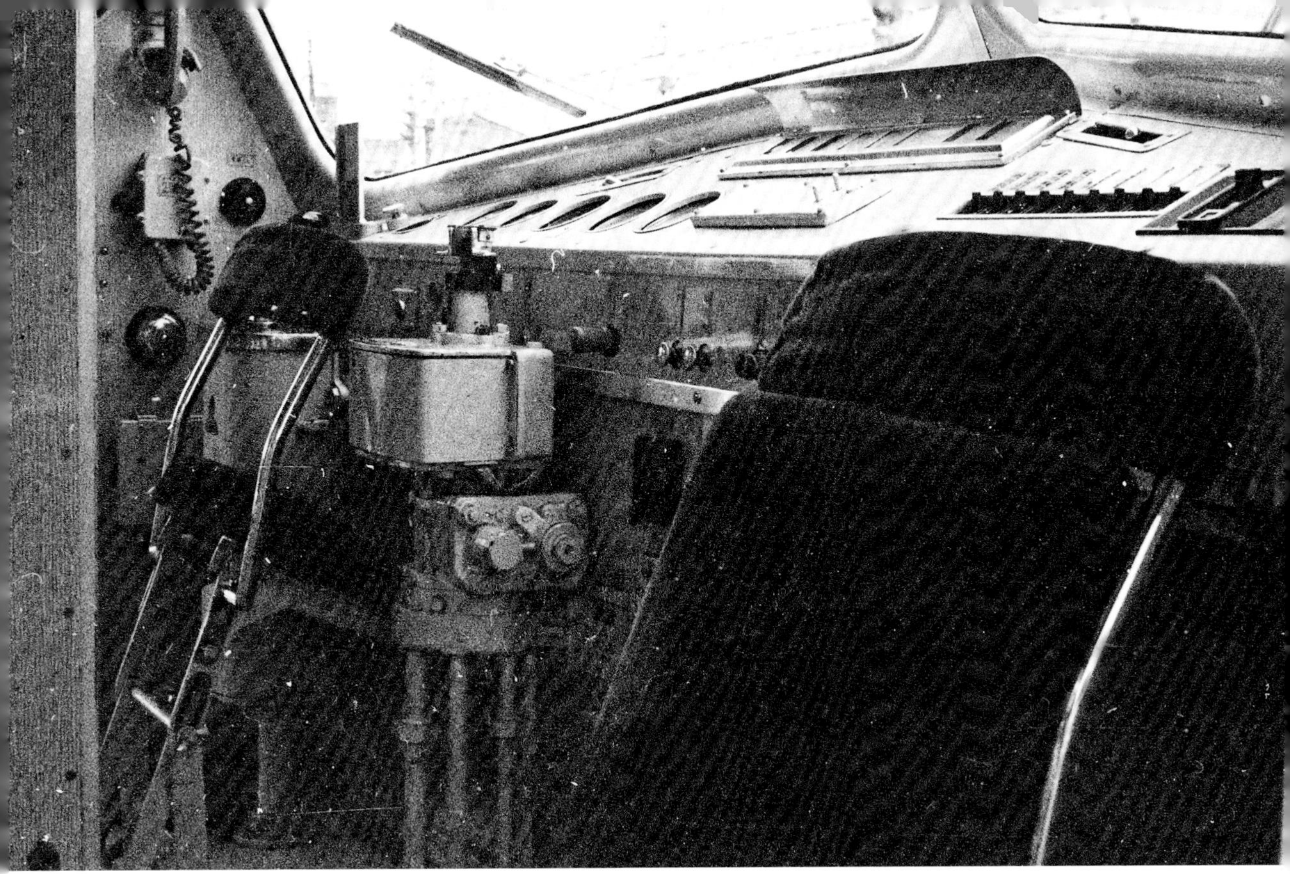

流線型の顔を持つ電動制御車モ10007の運転室。車内からも傾斜した前面窓の様子を見て取れる。計器類やブレーキハンドル周りの形状は同年代の車両に通じる、日本の鉄道車両近代化初期の風情だ。
◎1958（昭和33）年8月2日　撮影：辻阪昭浩

二階部分を備えるク10000形の車内。客室の乗降扉付近に二階へ上がる階段があった。階段は人一人が手摺りを握って上ることができる位の幅だった。階段部分と客室を区切る壁や扉等は設定されなかった。
◎1958（昭和33）年8月2日　撮影：辻阪昭浩

10100系の中間車。サ10200形は両端部に連結された電動車と台車を共有する連接構造になっていた。二階建て構造であっても車内の居住性を快適に保つべく、車両断面等の寸法は、一般形車両よりも限界値近くまで拡大された。
◎名古屋線　米野車庫　1963（昭和38）年4月29日　撮影：辻阪昭浩

終点の近畿日本名古屋（現・近鉄名古屋）駅構内へ続く地下区間へ向かって足取りを緩めた10100系の名阪ノンストップ特急。名古屋線の改軌から東海道新幹線が開業するまでの期間はおよそ5年間。名阪間輸送で近鉄が国鉄（現・JR）を圧倒していた輝ける時代だった。◎名古屋線　米野～名古屋　1963（昭和38）年4月29日　撮影：辻阪昭浩

片側非貫通の10100系A,B編成で組成された近畿日本名古屋（現・近鉄名古屋）行き特急。名古屋線は1959（昭和34）年9月に来襲した伊勢湾台風による被害を一つの機会と捉え、急ピッチで軌間の標準軌化工事を進めた。しかし、架線柱の側にたくさんの碍子が列をなす通信施設等には、旧態依然とした様子を窺える。
◎名古屋線　近畿日本弥富（現・近鉄弥富）　1961（昭和36）年5月3日　撮影：荻原二郎

キンヨー

名阪ノンストップ特急の仕業に就く10100系が、多くの有料特急が停車する主要駅を、悠々と通過して行った。幹線とはいえ、未だ窓周りに補強材を備えた旧型電車が多かった名古屋線で、個性的な二階建て車両は輝いて見えた。
◎名古屋線　近畿日本四日市（現・近鉄四日市）　1964（昭和39）年5月3日　撮影：荻原二郎

2
準急
平田町
ヘルスセ

近畿日本名古屋（現・近鉄名古屋）駅から地下区間を抜けると米野車庫がある。長距離運転を終えた特急型電車等がしばし足を休め、次の運用に向けて整備される車両基地だ。昭和30年代後半の名古屋線で主力の特急用電車は、10100系、11400系等、新塗装に身を包んだ近代車両だった。◎名古屋線　米野車庫　1963（昭和38）年4月29日　撮影：辻阪昭浩

特急
一旦停止

10100系A編成が3両一組の身軽ないで立ちで、花形運用の名阪ノンストップ特急を務める。通過する豊津上野駅は現在まで普通列車のみが停車する途中駅だが、待避設備と側線がある構内はゆったりとした雰囲気を持つ。
◎名古屋線　豊津上野
1965（昭和40）年7月30日
撮影：荻原二郎

汎用特急用電車と手を組んで特急の運用に就く10100系「新ビスタカー」は近鉄名古屋行き。伊勢中川は長らく、狭軌の名古屋線と標準軌の大阪線、山田線との乗換え駅だった。名古屋線の標準軌化以降は、近鉄名古屋〜宇治山田間の列車が山田線から直通するようになった。
◎名古屋線　伊勢中川
1970（昭和45）年6月27日
撮影：荻原二郎

編成の両端部に貫通扉を備えるC編成を2本連ねた10100系の特急が、耳成山を背景にして奈良盆地を駆ける。昭和30年代の山麓には田畑が広がっていた。他形式等との併結運用を組み易いC編成は、同形式最多の3両8編成が製造された。
◎大阪線　耳成～大和八木　1963年（昭和38）年3月26日　撮影：辻阪昭浩

主要駅に停車する乙特急の近代化を目的に製造された10400系。11400系は同系列の改良増備車両として1963（昭和38）年に登場した。排障器が取り付けられておらず、かつ大型の特急標識を掲出した姿は、定期運用に就いて間もない頃の一コマ。
◎名古屋線　白子　1964（昭和39）年5月3日　撮影：荻原二郎

しろこ
白子
SHIROKO
つづみがうら　ちよざき
しろこ
6334

2両編成の「スナックカー」が終点京都を目指してホームを通過して行った。写真の奥には東海道新幹線の高架が望まれる。東寺はホーム2面2線を備える、複線路線では棒線形状の範疇に入る駅だが、撮影の頃の構内には上下線を結ぶ渡り線が設置されている。◎京都線　東寺　1972（昭和47）年5月9日　撮影：荻原二郎

汎用の特急用車両として、特急網の拡大に貢献した11400系。貫通扉に行先を表示した逆台形の特急標識を掲出した仕様は、昭和50年代後半以降に車体更新化工事を受けた後の姿だ。更新時には合わせて3両固定編成化が実施された。
◎名古屋線　江戸橋
1987（昭和62）年10月23日
撮影：荻原二郎

京都〜宇治山田間を直通運転する京伊特急用に開発された18200系。登場時には大阪線等主要路線の架線電圧が1500Vであったのに対し、京都、橿原線は600Vであった。両路線を直通運転するために、本車両は電圧切り替え装置を搭載していた。
◎大阪線　大和八木　1967（昭和42）年1月3日　撮影：辻阪昭浩

京都へ向かう電車から前面展望を楽しんでいたら、近畿日本奈良（現・近鉄奈良）行きの特急とすれ違った。前照灯一基の愛らしい表情をした電車は680系。かつて奈良電気鉄道の主力であった車両だ。小ぢんまりとした規格の車体に対して、近鉄の所属となって掲出した特急マークや、標準軌の線路が大きく見えた。◎京都線　1967（昭和42）年10月25日　撮影：荒川好夫（RGG）

京田辺から木津川台付近にかけて、京都線はJR片町線と並行する。田園地帯の中に敷かれた単線が片町線。水田越しに見える築堤が京都線だ。特徴のある側面窓を持つモ12000形を2両連結した4両編成の特急が、JR路線を見下ろして悠々と走って行った。
◎京都線　木津川台～新祝園　1998(平成10)年11月28日　撮影：安田就視

団体客を乗せた「あおぞら号」が、地上ホーム時代の近畿日本四日市（現・近鉄四日市）駅を通過して行った。ホームの上屋には終点に名湯、湯の山温泉や御在所岳ロープウエィがある湯の山線への乗り換えを案内する、大振りな看板が掲げられていた。
◎名古屋線　近畿日本四日市（現・近鉄四日市）　1965（昭和40）年7月30日　撮影：荻原二郎

304
220

全ての車両が2階建て構造になっていた20100系。その個性的ないで立ちが好評価を得て、1963（昭和38）年に鉄道友の会が選定するブルーリボン賞を受賞した。空色の地に愛称の「あおぞら」の文字が銀色に浮かび上がるヘッドマークが眩しい。
◎大阪線　大和八木～耳成　1963年（昭和38）年3月26日　撮影：辻阪昭浩

昭和中期の大和八木駅周辺には高い建物がほとんど無く、高架ホームの大阪線のりばから街並みや下方に延びる橿原線の線路を望むことができた。大阪電気軌道と参宮急行電鉄の合併時に駅名を「大軌八木」から「大和八木」と改称したが、撮影の頃の駅名票の表記は「やぎ」となっている。◎大阪線　大和八木　1965（昭和40）年9月11日　撮影：辻阪昭浩

日中、1時間に1本の頻度で運転する近鉄難波（現・大阪難波）行きの名阪甲特急。名古屋の市街地を抜けると、21000系「アーバンライナー」は水郷地帯に躍り出る。まだ、残暑の照り返しが強い岸辺では、太公望が釣り糸を垂れていた。
◎名古屋線　富吉～近鉄蟹江　1992（平成4）年9月8日　撮影：安田就視

大和西大寺から奈良市街地へ向かって東へ延びる奈良線は、平城宮跡の南側を進む。沿線は歴史公園として整備された緑地帯が多く、時代を超えて行き交う近鉄電車は、歴史探訪の水先案内人であるかのようだ。
◎奈良線　新大宮〜大和西大寺　1998（平成10）年11月28日　撮影：安田就視

1955（昭和30）年に開館した鳥羽水族館や遊覧船での島巡り等、鳥羽観光の玄関口になっている鳥羽駅。国鉄（現・JR東海）参宮線の終点。三重電気鉄道志摩線の起点であった駅は、近鉄鳥羽線の開業で、大阪、名古屋方面から特急列車が乗り入れるようになった。◎鳥羽線　鳥羽　1982（昭和57）年8月24日　撮影：安田就視

五十鈴川を渡る12200系。前面に掲出した、翼を模した形の特急マークが凛々しい。後ろには30000系「ビスタカー」が続く。五十鈴川は伊勢神宮内宮の境内を流れ、式年遷宮等では奉職者等の通り道となる、歴史に彩られた河川だ。
◎鳥羽線　五十鈴川～朝熊　1985（昭和60）年4月　撮影：安田就視

志摩線の終点、賢島駅がある賢島は英虞湾に浮かぶ周囲7.3㎞ほどの島だ。終点に差し掛かった電車は、それまで山間区間の様相を呈していた車窓の展望が開け、僅かな間ながら志摩地方らしい波静かな海辺が広がる。
◎志摩線　志摩神明～賢島　1985（昭和60）年4月　撮影：安田就視

四日市市郊外を横切る鈴鹿川を渡る名古屋線は、橋梁の両側が築堤になっている。北楠側の西側には田畑が広がり、堤防付近からは青空を背景に行き交う特急が望まれる。集電装置を4基搭載していた頃の30000系は重厚ないで立ちだった。
◎名古屋線　北楠〜塩浜　1992（平成4）年12月18日　撮影：安田就視

中小の河川が水郷地帯を形成する富吉界隈。なだらかな流れは思いの外、橋桁のすぐ下にまで迫っていた。二階建て車両を含む30000系「ビスタカー」を先頭にした長大編成の雄姿が、青空と共に水面を飾った。
◎名古屋線　富吉〜近鉄蟹江　1992(平成4)年9月8日　撮影：安田就視

沿線に下町情緒が漂う大阪市南東部の郊外を行く16000系の試運転列車。大阪阿部野橋から車庫がある古市へ向かう途中の様子である。冷房装置を搭載したクロスシート車が、未だ旧型車が目立つ吉野路へ新風を吹き込もうとしていた。
◎南大阪線　河堀口　1965（昭和40）年3月3日　撮影：辻阪昭浩

試

吉野線の終点、吉野駅。3面4線のホームにドーム形状の大きな上屋が被さる。2両編成の16000系は、4両編成に対応するホームの奥に停車していた。当駅で吉野山へ延びる吉野ロープウェイに乗り換えることができる。
◎吉野線　吉野　1965（昭和40）年4月7日　撮影：辻阪昭浩

16000系はモ16000とク16100の2両編成が主力であった。床下部が明るい灰色に塗られた新製後間もないと思われる電車が「試」と記載された円形の看板を掲出し、本線上で試運転に臨んでいた。特急マークを掲出していない前面の表情が初々しい。
◎南大阪線　古市　1965（昭和40）年3月3日　撮影：辻阪昭浩

橿原神宮駅に停車する吉野特急。ホーム上にある手入れが行き届いた植え込みは、天皇陵のお膝元であることを示しているかのような清々しさをまとう。南大阪線、吉野線と橿原線のホームは離れており、通常は軌間の異なる車両が肩を並べることはない。
◎南大阪線　橿原神宮駅（現・橿原神宮前）　1965（昭和40）年7月30日　撮影：荻原二郎

軌間1,067㎜の狭軌路線である南大阪線、吉野線で運転される「吉野特急」専用車両として登場した16000系。投入時には定期列車3往復。休日や行楽期等に増発する不定期列車3往復の運転であった。
◎南大阪線　1967（昭和42）年1月8日　撮影：辻阪昭浩

吉野ゆき特急乗車口
LIMITED EXPRESS FOR YOSHINO
WICKET ENTRANCE
特急

吉野

島式ホームの片側が南大阪線下り列車の乗り場である道明寺を通過する吉野特急。当駅は藤井寺市の街中にあり、大和川を隔てて柏原市までを結ぶ道明寺線の起点である。ホームには各方面への乗り換えを促す案内板がある。
◎南大阪線　道明寺
1966（昭和41）年6月4日
撮影：荻原二郎

吉野川の北岸沿いに進んできた吉野線は末端部近くで右手に急曲線を描いて川を渡る。雄大な佇まいのトラス橋梁は吉野鉄道時代の1928（昭和3）年に架けられた。同時に六田～吉野間が延伸開業し、現在の吉野線が全通した。
◎吉野線　大和上市～吉野神宮　1965（昭和40）年4月7日　撮影：辻阪昭浩

牧野和人（まきの かずと）

1962（昭和37）年、三重県生まれ。写真家。京都工芸繊維大学卒。幼少期より鉄道の撮影に親しむ。平成13年より生業として写真撮影、執筆業に取り組み、撮影会講師等を務める。企業広告、カレンダー、時刻表、旅行誌、趣味誌等に作品を多数発表。臨場感溢れる絵づくりをもっとうに四季の移ろいを求めて全国各地へ出向いている。

【写真撮影】

荻原二郎、辻阪昭浩、野口昭雄、安田就視
（RGG）荒川好夫、伊藤威信、白井朝子、高木英二、松本正敏、森嶋孝司、米村博行

昭和～平成
近畿日本鉄道沿線アルバム【特急車両編】

発行日……………2021年4月5日　第1刷　※定価はカバーに表示してあります。
解説………………牧野和人
発行者……………春日俊一
発行所……………株式会社アルファベータブックス
〒102-0072　東京都千代田区飯田橋2-14-5　定谷ビル
TEL. 03-3239-1850　FAX.03-3239-1851
https://alphabetabooks.com/

編集協力…………株式会社フォト・パブリッシング
デザイン・DTP ………柏倉栄治
印刷・製本…………モリモト印刷株式会社

ISBN978-4-86598-869-7　C0026